架空输电线路带电作业图解

项目二

冯振波　郑孝干◎编著

220kV 输电线路直线绝缘子带电单串改双串（地面提升法）

中国电力出版社
CHINA ELECTRIC POWER PRESS

内容提要

本书总结了国网福州供电公司在输电带电作业中积累的经验，以带电“特种兵”的基本功训练和现场实战技法为主线，基于福州地区富有特色的五种典型输电线路带电作业项目，以图片、文字和视频结合的方式介绍了输电线路带电作业的项目管控、项目实施和作业技巧。主要内容有带电更换220kV输电线路直线绝缘子串（地面提升法）、220kV输电线路直线绝缘子带电单串改双串（地面提升法）、带电更换220kV输电线路直线绝缘子串金具（自平衡法）、110kV输电线路耐张绝缘子带电单串改双串（滑车组法）、带电处理110kV输电线路导线节点发热（地电位法）。

本书主要面向架空输电线路带电作业相关技术人员，读者可根据情况参考应用。

图书在版编目（CIP）数据

架空输电线路带电作业图解 / 冯振波，郑孝干编著．—北京：中国电力出版社，2020.12

ISBN 978-7-5198-5021-0

Ⅰ．①架… Ⅱ．①冯… ②郑… Ⅲ．①架空线路—输电线路—带电作业—图解 Ⅳ．① TM726.3-64

中国版本图书馆 CIP 数据核字（2020）第 186287 号

出版发行：中国电力出版社
地　　址：北京市东城区北京站西街 19 号（邮政编码 100005）
网　　址：http://www.cepp.sgcc.com.cn
责任编辑：杨　卓（010-63412789）
责任校对：黄　蓓　郝军燕
装帧设计：北京宝蕾元科技发展有限责任公司
责任印制：吴　迪

印　　刷：三河市万龙印装有限公司
版　　次：2020 年 12 月第一版
印　　次：2020 年 12 月北京第一次印刷
开　　本：880 毫米 ×1230 毫米　32 开本
印　　张：3
字　　数：63 千字
印　　数：0001-1500 册
定　　价：108.00 元（全六册）

前言

随着电网的建设和发展，带电作业已成为输电设备测试、检修、改造的重要手段，在电力系统的安全可靠运行和效益提升方面发挥了十分重要的作用。我国的带电作业起步于20世纪50年代初，经过几代带电作业人的不懈努力，在带电作业理论研究、工器具研究开发、标准制定和安全管理等方面得到了良好发展。

国网福州供电公司自1959年成立输电带电作业班组以来，在摸索中创新、在实践中突破，已经走过起步发源、摸索试验、规范提升、积累沉淀和创新发展的不同历史阶段，在作业内容的多样化、作业工器具的轻巧化、作业项目的操作难度和广泛程度等方面取得了长足进步。

班组以劳模精神为引领，大力倡导工匠精神，不断加强人才队伍建设，培育输出了多名福建省五一劳动奖章获得者、福建省电力有限公司劳模及工匠和各类专家人才。并且在长期的工作中，班组形成了特色鲜明的创新文化，以“四大创新信条”和“三大创新支撑”指引创新工作，成效显著。班组依托承建的国家级技能大师工作室、国家电网有限公司劳模创新工作室和国网福建省电力有限公司输电带电作业工作室，目前已开展四十多项科技创新项目，获得国家知识产权局授权专利90项，在专业期刊杂志上发表论文9篇。还获得了“国际发明展金奖”及其他科技奖项12

项，“福建省百万职工‘五小’创新大赛一等奖”及其他省部级奖励5项，“福建省电力有限公司科技进步奖”及其他地市级或行业奖励20余项。大批高技能人才的培养和创新成果的应用为福州输电带电作业跨越式发展奠定了坚实的基础。早在1989年班组就组织开展220kV输电线路带电更换铁塔，2000年就首次开展了输电线路导线带负荷切断重接、耐张线夹带负荷更换等大型复杂的带电作业项目。

本书总结了国网福州供电公司在输电带电作业中积累的经验，以带电作业“特种兵”的基本功训练和现场实战技法为主线，基于福州地区富有特色的五种典型输电线路带电作业项目，以图片、文字和视频结合的方式介绍了输电线路带电作业的项目管控、项目实施和作业技巧，读者可根据情况参考应用。

本书编写过程中，得到了各方面的大力支持。国网福建省电力有限公司林力辉、蔡金林、吴晓杰、张世炼、王启强、廖成师、董剑峰、曾小平、吴能锦、陈兴宝、陈国信、陈言团、吴健仁、陈永红、曾旺、林财德、蔡江河、康启程、曹祖鹰、廖肇葵、许金应、张锦锋、杨毅豪、杨毅航、陈炜等在编写过程中多次参与审稿与技术研讨；林信恩、陈文彬、卓晗、刘行洲、张良发、林华育、郑永健、赵新丰等参与素材的拍摄，为本书的出版提供了很大的帮助。在此，谨向上述有关同志表示感谢。

由于作者水平所限，加之时间仓促，书中定有错误和不妥之处，敬请广大读者批评指正。

作者

2020年8月

目录
Contents

项目二

220kV 输电线路直线绝缘子带电单串改双串（地面提升法）

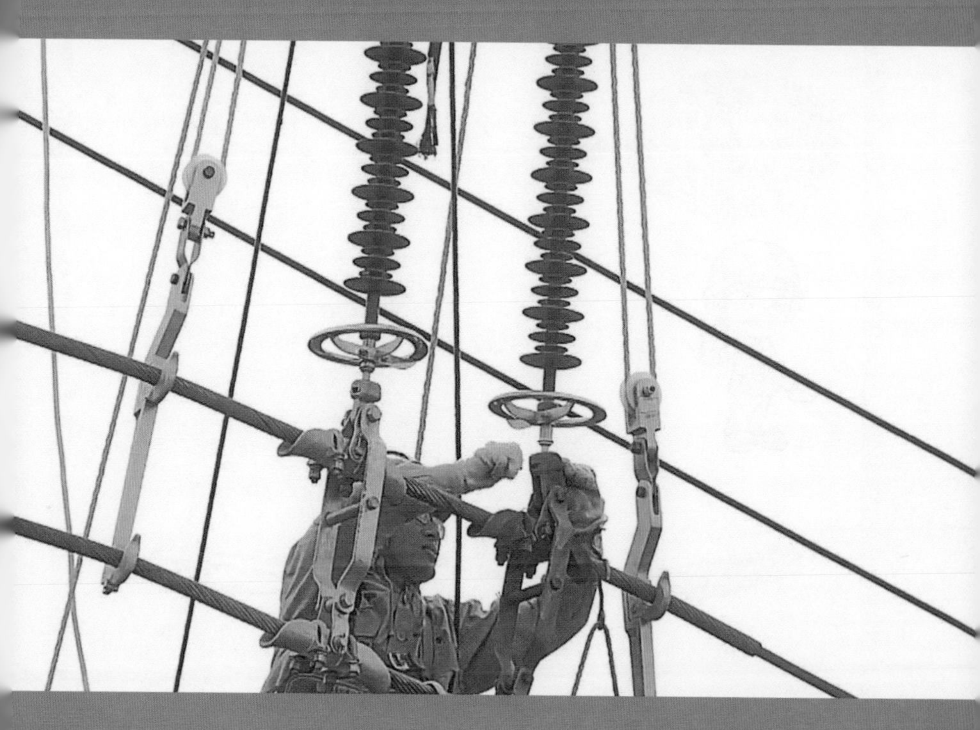

主要内容

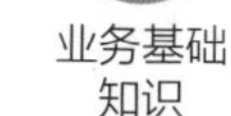

- 导语
- 业务基础知识
- 作业前期准备
- 现场作业风险点分析与控制
- 现场作业程序
- 总结与提升

1. 为什么要进行 220kV 输电线路直线绝缘子带电单串改双串施工？
2. 你已知有哪些作业方法可以进行 220kV 输电线路直线绝缘子带电单串改双串作业项目？
3. 220kV 输电线路直线绝缘子带电单串改双串作业最关键的技术难点有哪些？
4. 在此类带电作业项目中你觉得以下工具哪些可能会被用到？

绝缘传递绳

直线取销器

链条葫芦

钢丝千斤

丝杆

垂直双吊钩

5. 220kV 输电线路直线绝缘子带电单串改双串作业包括哪几个关键步骤？
6. 220kV 输电线路直线绝缘子带电单串改双串作业过程中可能遇到的作业风险有哪些？

第一节 导语

1. 绝缘子带电单串改双串的意义

220kV 输电线路直线绝缘子带电单串改双串，目的是为了加强架空输电线路跨越铁路、公路和重要输电通道（三跨）运维管理，提高运维工作质量和效率，保障电网安全运行。

2. 直线绝缘子带电单串改双串常用作业手段

220kV 输电线路直线绝缘子带电单串改双串一般采用等电位作业法。根据吊线方式的不同，可分为高空提升法和地面提升法，如图 2-1 所示。根据吊线工具的不同又可分为滑车组地面提升法和卡具、丝杆、拉板法。

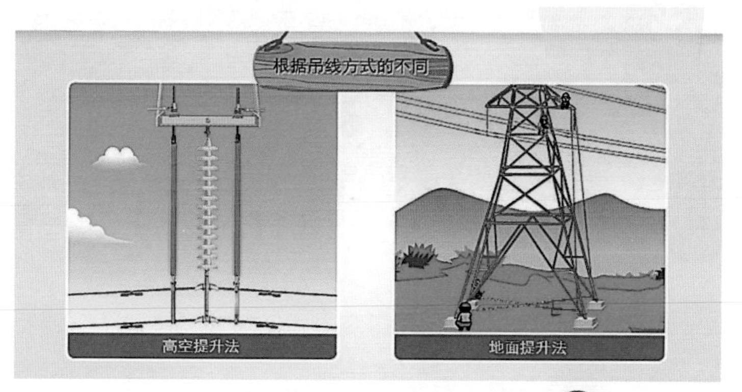

图 2-1 高空提升法和地面提升法示意图

3. 滑车组地面提升法的优势

由于滑车组地面提升法长度调节范围大、塔上地电位电工高空作业量少、工具安装后不占用双串绝缘子位置，采用此方法进行直线绝缘子单改双作业更合适。因此，本项目主要介绍采用滑车组地面提升法作为吊线工具的作业方法。

学习目标
熟悉 220kV 输电线路直线绝缘子带电单串改双串（地面提升法）的作业流程、危险点分析与控制措施。
掌握 220kV 输电线路直线绝缘子带电单串改双串（地面提升法）的作业方法。

第二节 业务基础知识

1. 绝缘子串基础知识

220kV 直线绝缘子串有单联、双联、V 形等几种结构方式，通常情况下以单联、双联绝缘子串最为常用。直线绝缘子串结构示意图如图 2-2 所示。

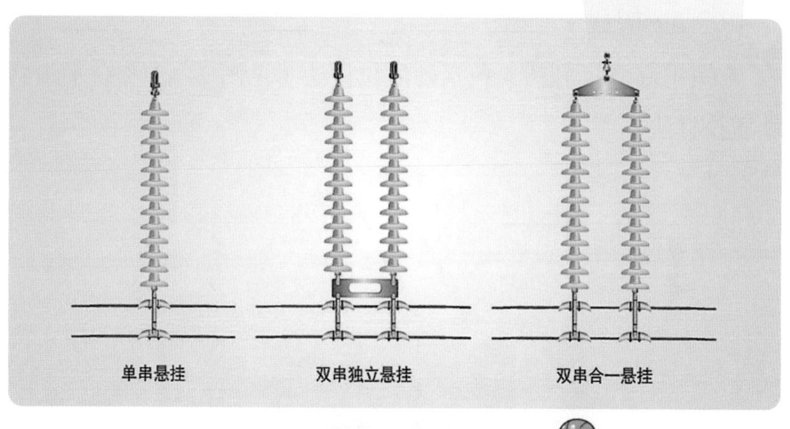

图 2-2 直线绝缘子串结构示意图

绝缘子有瓷质绝缘子、钢化玻璃绝缘子、硅橡胶复合绝缘子等几种。

连接金具有挂板（UB 型、PS 型）、球头挂环、碗头挂板、联板、悬垂线夹等，如图 2-3 所示。

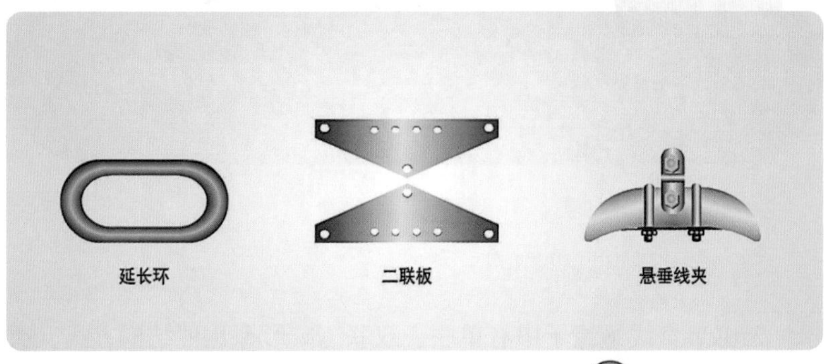

图 2-3 绝缘子串连接金具示意图

2. 常用作业方法

（1）高空提升法，包括硬质拉杆法（见图 2-4）和自平衡式软质拉杆法。

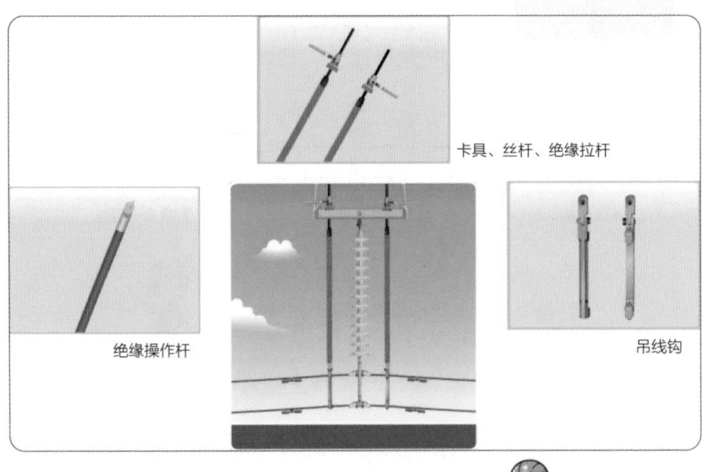

图 2-4 硬质拉杆法作业示意图

（2）地面提升法，包括人力提升法和链条葫芦提升法（见图 2–5 和图 2–6）。

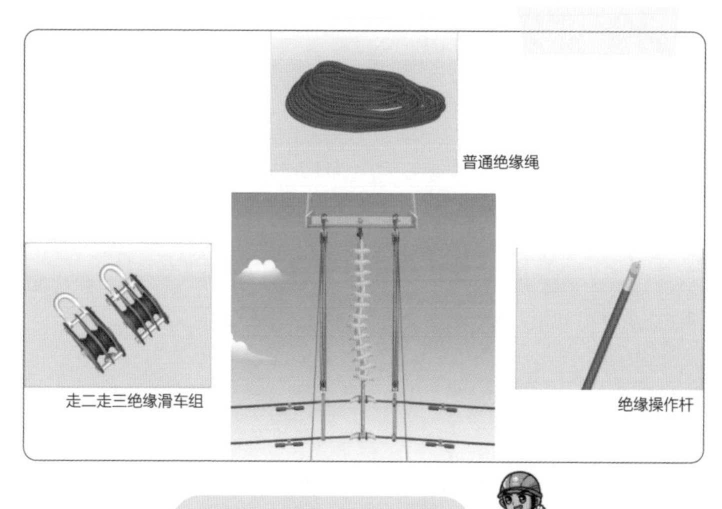

图 2-5 人力提升法示意图

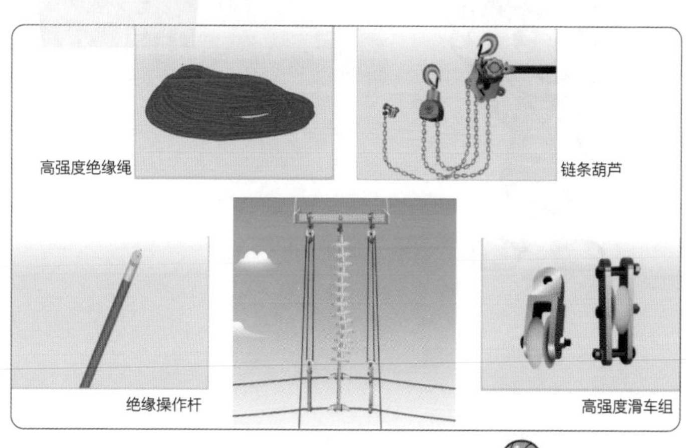

图 2-6 链条葫芦提升法示意图

思考以下问题：

- 以上几种作业方法都分别适用于什么样的工作条件？
- 每种作业方法都分别会用到哪些主要工器具？
- 每种作业方法都分别会面对哪些主要风险？
- 这几种作业方法分别有什么优点和缺点？

优秀的“特种兵”，
你都能回答出来吗？

第三节 作业前期准备

战前充分准备是带电作业"特种兵"战斗获胜的关键!

带电作业"特种兵"战前需要做如下准备工作:

01 流程准备

02 人员准备

03 工器具准备

04 材料准备

一、流程准备

前面项目已经详细讲述了流程准备的 5 个关键环节，这里不做过多讲述，但是作业前请按照图 2–7 进行回顾，确认所有流程都已经完成。

现场勘察	查阅资料	了解天气情况	办理工作票	组织学习
作业点位置、同塔架设情况、导线排列方式、绝缘子串组装方式、垂直档距、交叉跨越情况、横担与导线间的净空距离、杆塔基础的作业面情况、地面提升锚固点位置、环境及其他危险点等。	作业设备各部件的基本参数，历史缺陷和检修记录等。	确认作业当日气象条件符合带电作业要求。	办理输电线路带电作业工作票，编制安全质量控制卡等。	熟悉工作任务、作业方式、质量标准、危险点及安全措施等。

图 2–7　流程准备内容

二、人员准备

工作负责人（监护人）1 名、杆（塔）上电工 2 名（其中等电位电工 1 名）、地面电工 3 名。现场人员分工如图 2-8 所示。

工地负责人（监护人）1 名

- 负责整个施工过程、工艺要求、质量标准和施工安全管理。

杆（塔）上电工 2 名
（其中等电位电工 1 名）

- 负责安装、拆除绝缘滑车组等提升工器具；
- 负责拆除、安装绝缘子串。

地面电工 3 名

- 负责传递工器具和材料；
- 配合塔上作业人员拆除、安装绝缘子串。

图 2-8　现场人员分工

三、工器具准备

利用地面提升法进行 220kV 输电线路直线绝缘子串带电更换作业过程中会使用到绝缘工器具、金属工器具、个人防护装备和辅助工器具。

1. 绝缘工器具

作业过程中会使用到的绝缘工器具如图 2-9 所示。

短绝缘绳

单轮绝缘滑车

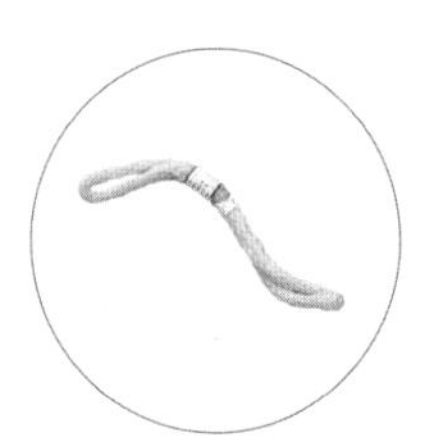

绝缘绳套

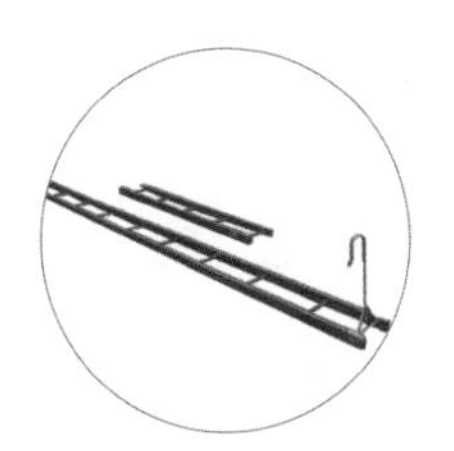

绝缘平梯

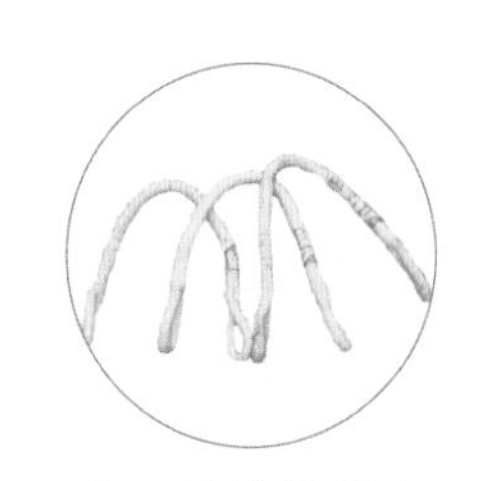

高强度绝缘绳套

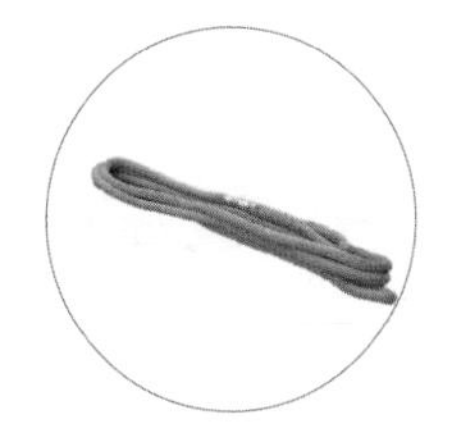

防脱落保护绳

绝缘传递绳

高强度绝缘起吊绳

图 2-9 绝缘工器具

2. 金属工器具

作业过程中会使用到的金属工器具如图 2-10 所示。

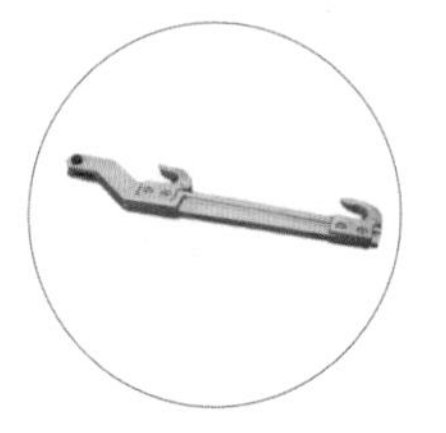

垂直双吊钩

1-1 滑车组

横担拓宽器

张紧扣

链条式手扳葫芦

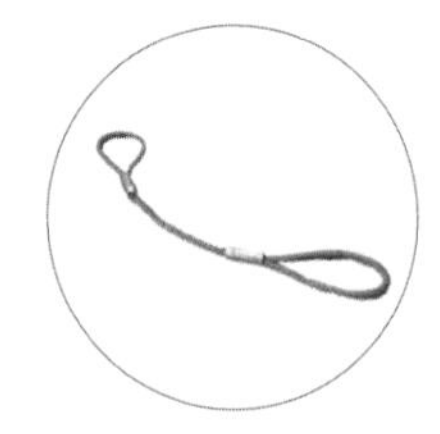

钢丝绳绳套

地电位取消钳

图 2-10 金属工器具

3. 辅助工器具

作业过程中会使用到的辅助工器具如图 2-11 所示。

图 2-11 辅助工器具

4. 个人防护装备

作业过程中会使用到的个人防护装备如图 2–12 所示。

屏蔽服

安全带

安全帽

后备保护绳

图 2–12　个人防护装备

5. 工器具清单

作业过程中会使用到的工器具清单见表 2-1。

表 2-1 工器具清单

序号	名称	型号 / 规格	数量	单位	备注
1	1-1 滑车组	40kN	2	组	高强度
2	单轮绝缘滑车	5kN	1	只	
3	绝缘绳套	ϕ 18mm	1	条	高强度
4	绝缘绳套	ϕ 14mm	1	条	
5	绝缘起吊绳	ϕ 16mm	2	条	高强度
6	绝缘传递绳	ϕ 14mm	1	条	传递绳
7	短绝缘绳	ϕ 12mm	2	条	固定绝缘平梯
8	垂直双吊钩	30kN	2	只	
9	绝缘测试仪	ST2008	1	台	
10	风湿度仪		1	个	
11	地电位取销钳		1	把	
12	绝缘平梯	6m	1	架	

续表

序号	名称	型号 / 规格	数量	单位	备注
13	钢丝绳绳套	ϕ20mm	2	条	配 U 形环
14	张紧扣		2	副	铝合金
15	横担拓宽器		1	副	视情况选用
16	链条式手扳葫芦	30kN	2	台	铝合金
17	圆桶帆布工具袋		1	只	
18	万用表		1	只	测量屏蔽服导通
19	安全帽		6	顶	
20	屏蔽服	I 型	1	套	
21	绝缘安全带		2	条	配后备保护绳
22	个人工具		4	套	
23	防潮苫布	3m×3m	2	块	

四、材料准备

作业时需准备的材料清单见表2-2。双绝缘子串如图2-13所示。

表2-2 材料清单

序号	名称	型号	数量	单位	备注
1	垂直排列双悬垂线夹	CCS-5	2	只	
2	双联碗头挂板	WS-7	2	只	
3	棒形悬式合成绝缘子	$FXBW_4$-220/70	2	支	
4	球头挂环	QS-7	2	只	
5	L形联板	L-1040	1	块	
6	直角挂板	ZS-10	1	只	
7	UB挂板	UB-10	1	只	
8	弹簧销	W型	5	只	

注 以上部分材料可利旧。

图 2-13 双绝缘子串

请注意

- 选用时特别留意型号规格与现场匹配。
- 领用时请进行外观检查，确认各部分配件是否齐全，特别要留意悬垂线夹上 U 形螺栓的螺帽、船体中的压板有无缺失。

第四节 现场作业风险点分析与控制

采用地面提升法开展220kV输电线路直线绝缘子单串改双串带电作业会面临哪些常见的风险呢?

过程中可能会面临工具失效、机械伤害、高处坠落、高电压风险和恶劣天气等几种主要风险。

五种常见作业风险如图 2–14 所示，必须深入分析危险触发条件并采取有效预控措施，确保安全施工。

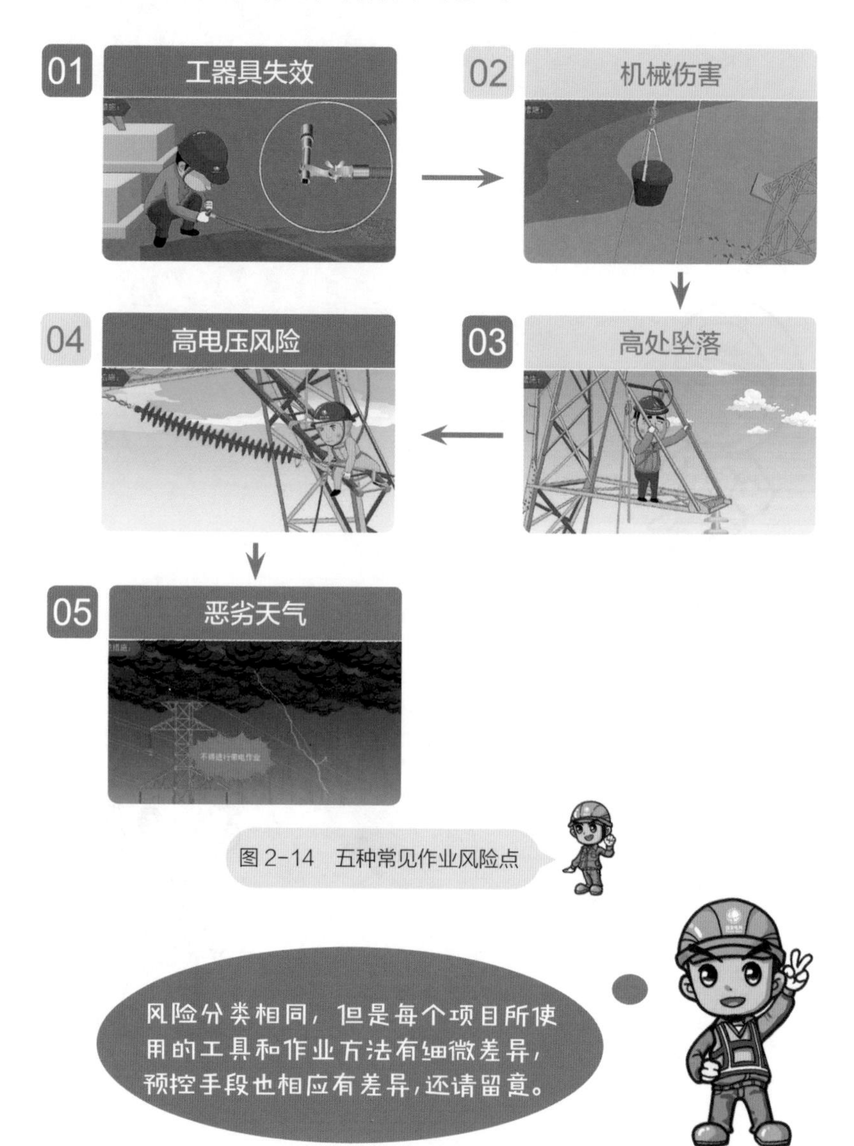
01
工器具失效
02
机械伤害
03
高处坠落
04
高电压风险
05
恶劣天气
风险分类相同，但是每个项目所使用的工具和作业方法有细微差异，预控手段也相应有差异，还请留意。

图 2–14　五种常见作业风险点

1. 危险类型一：工器具失效

作业过程中有可能会出现工器具失灵或工器具连接失效，请特别注意防范。

防范措施：

（1）作为吊线工具的铝合金单绝缘轮滑车、铝合金垂直双吊钩、高强度绝缘绳索（如芳香族）及绝缘绳均应经过定期机械试验合格，使用前应进行外观检查（见图 2–15）。

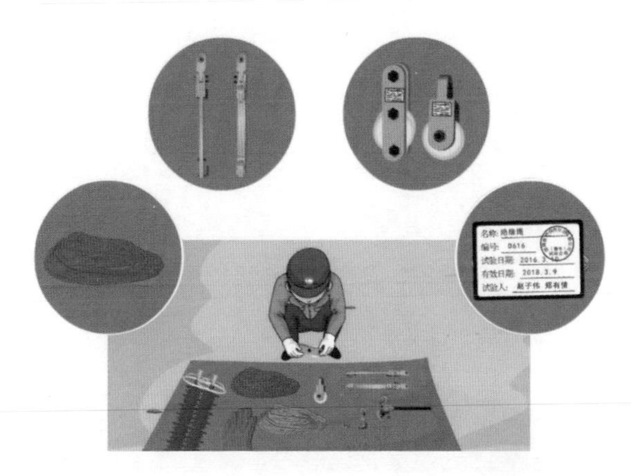

图 2–15　吊线工具外观检查

（2）为了保障作业的安全性，应使用防止导线脱落的后备保护绳（见图 2–16）。

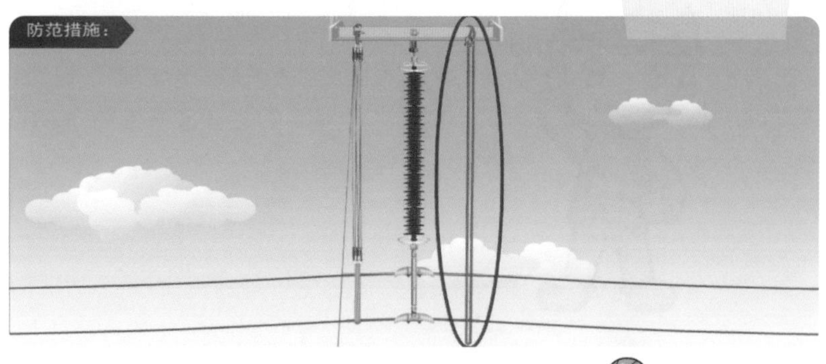

图 2-16　使用导线防脱落后备保护绳

（3）一般档距内单串改双串作业，应大致估算绝缘子串的垂直荷载，选择相应的吊线工具；在大跨越档距内改造时，应进行精确计算（见图 2–17）。

图 2-17　精确计算垂直荷载

（4）铝合金单绝缘轮滑车、铝合金链条式手扳葫芦使用前，应进行外观检查，保证其各部位转动灵活（见图 2-18）。

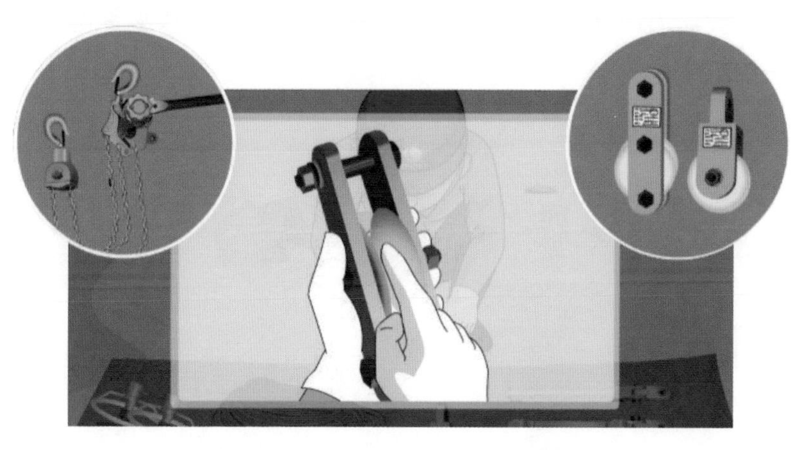

图 2-18 检查转动灵活性

2. 危险类型二：机械伤害

作业过程中有可能会出现绝缘子断串或高处落物，请特别注意防范。

防范措施：

（1）进行更换作业前，应先检查绝缘子串的完好情况，特别是连接部位金具是否存在锈蚀严重或雷击熔化现象（见图 2-19）。

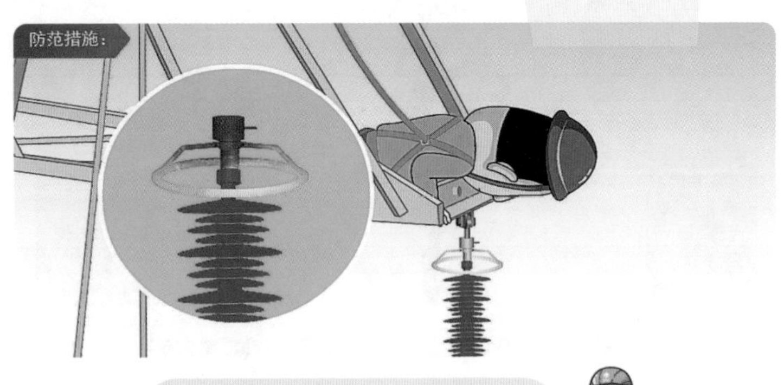

图 2-19 待换绝缘子串完好情况检查

（2）对于新绝缘子，应检查两端部的压接及整体绝缘子伞裙情况，确认完好（见图 2-20）。

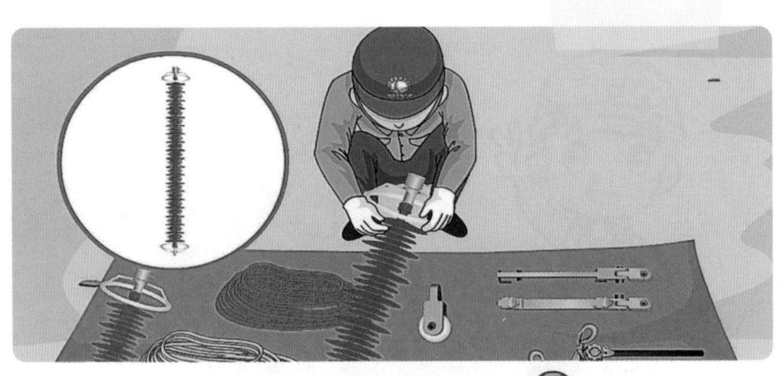

图 2-20 新绝缘子串检查

（3）进行更换作业前，应先检查绝缘子串金具的完好情况，特别是线夹船体、挂板、挂架和螺栓是否锈蚀严重或有裂痕（见图 2–21）。

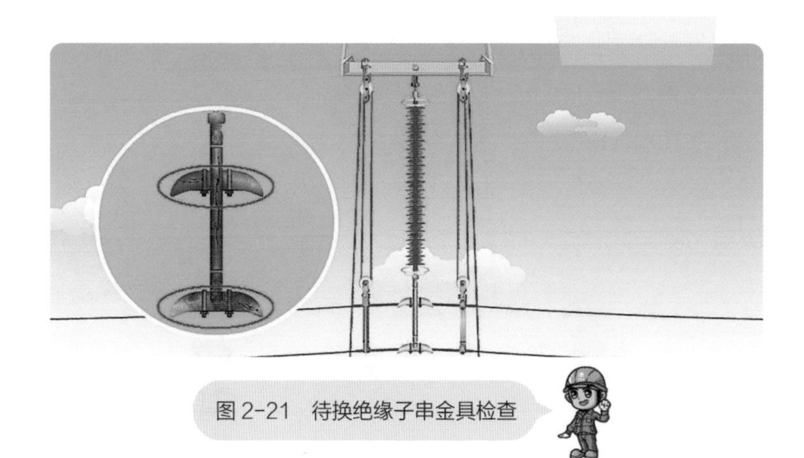

图 2-21　待换绝缘子串金具检查

（4）对于新绝缘子金具，应检查其线夹船体、挂板、挂架和螺栓是否有松动、裂纹（见图 2–22）。

图 2-22　新绝缘子串金具检查

（5）工具材料应使用绝缘绳索传递，小件物品应装袋，作业点正下方禁止人员逗留（见图 2–23）。

图 2-23　用绝缘传递绳传递绝缘平梯

（6）进行更换作业前，应将吊线工具的导线钩双向钩好，检查确认受力良好，方可解除绝缘子串与悬垂线夹的连接（见图 2–24）。

图 2-24　检查导线钩双向钩确认受力良好

（7）传递绝缘子串前，应检查各连接部位金具是否完好（见图 2–25）；传递吊线工具时，应将各部位连接螺栓拧紧并检查连接情况（见图 2–26）。

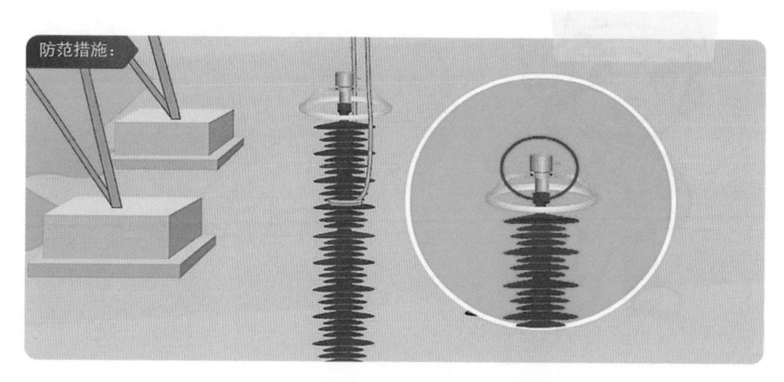

图 2–25　检查连接金具

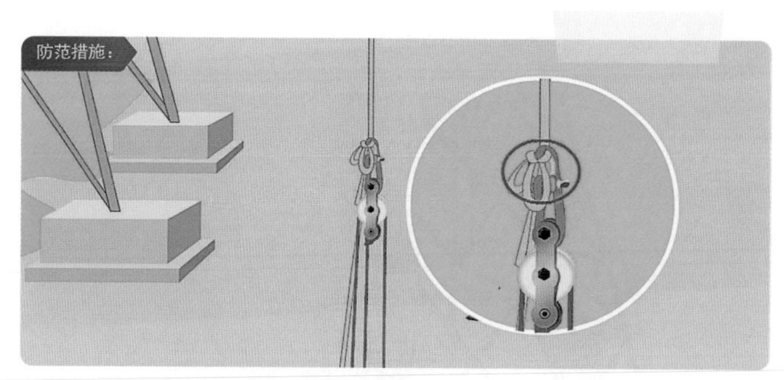

图 2–26　检查连接螺栓连接情况

3. 危险类型三：高处坠落

作业登高及移位过程中发生高处坠落，或作业过程中发生高处坠落，请特别注意防范。

防范措施：

（1）攀登杆塔时，注意爬梯或脚钉是否牢固、可靠（见图2-27）。

图 2-27 检查杆塔脚钉

（2）杆上转移作业位置时，不得失去安全带保护（见图2–28）。

图 2–28 安全带全程保护

（3）安全带应系在牢固的构件上，检查扣环是否扣牢；安全带、后备保护绳应分别系挂在不同的牢固构件上（见图 2–29）。

图 2–29 安全带、后备保护绳系挂在不同的牢固构件上

（4）绝缘平梯应安装牢固，平梯后端应与杆塔构件绑扎牢固（见图 2–30）。

图 2–30　平梯后端与杆塔构件绑扎牢固

（5）等电位电工出梯前，应检查并冲击绝缘平梯悬挂牢固情况；沿绝缘平梯工作前，应系好后备保护绳（见图 2–31）。

图 2–31　冲击检查绝缘平梯

（6）等电位电工沿平梯进入电场过程，应系好防坠落保护绳（见图 2-32）；应控制好防坠落保护绳的长短松弛，确保保护绳有效。

图 2-32 系好防坠落保护绳

4. 危险类型四：高电压风险

作业过程中有可能会发生工具绝缘失效、空气间隙击穿或绝缘子串闪络，请特别注意防范。

防范措施：

（1）绝缘工具应定期试验合格（见图 2-33）；运输过程中，应妥善保管，避免受潮；使用时，操作人员应戴防汗手套（见图 2-34）。

图 2-33　绝缘平梯试验合格

图 2-34　戴防汗手套使用绝缘操作杆

（2）作业过程中，绝缘绳的有效长度应保持在 1.8m 以上（见图 2–35）。

图 2–35 绝缘绳有效长度

（3）现场使用绝缘工具前，应用绝缘测试仪器检查其绝缘阻值不小于 700MΩ（见图 2–36）。

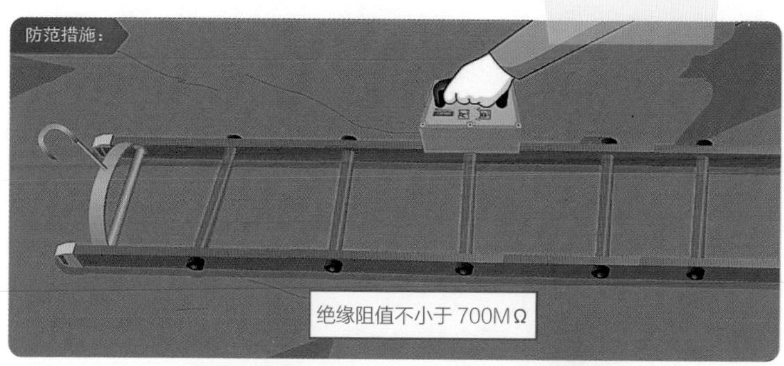

图 2–36 绝缘平梯电阻值检测

（4）作业前，应确认空气间隙满足安全距离的要求；对于无法确认的，应现场实测确认后，方可进行作业（见图 2-37）。

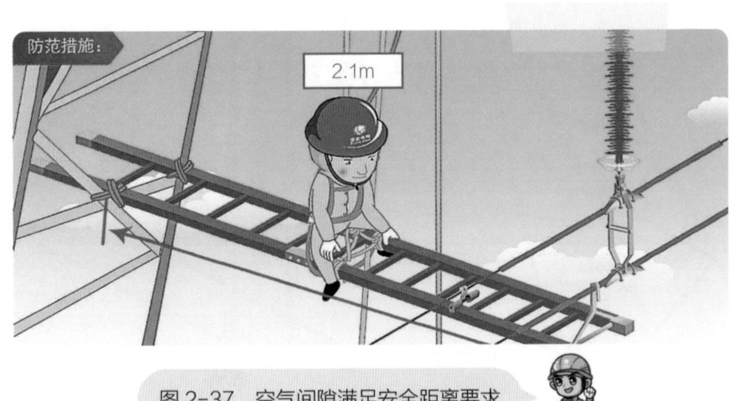

图 2-37 空气间隙满足安全距离要求

（5）必须保证专人监护，监护人在作业人员进入横担靠近带电体之前，应事先提醒；等电位电工进入电场前，应先报告（见图 2-38）。

图 2-38 专人全程监护

（6）地面作业人员收紧吊线滑车组时，应缓慢收紧承力绳索（见图2–39），不得突然快速提升导线，以防造成安全距离不足（见图2–40）。

图2-39 收紧吊线滑车组

图2-40 防止造成安全距离不足

（7）更换过程中，须在绝缘子串与导线脱离电位后，地电位人员方可用手操作绝缘子串（见图 2–41）；直接用手操作绝缘子时，应控制手臂下伸长度（见图 2–42）。

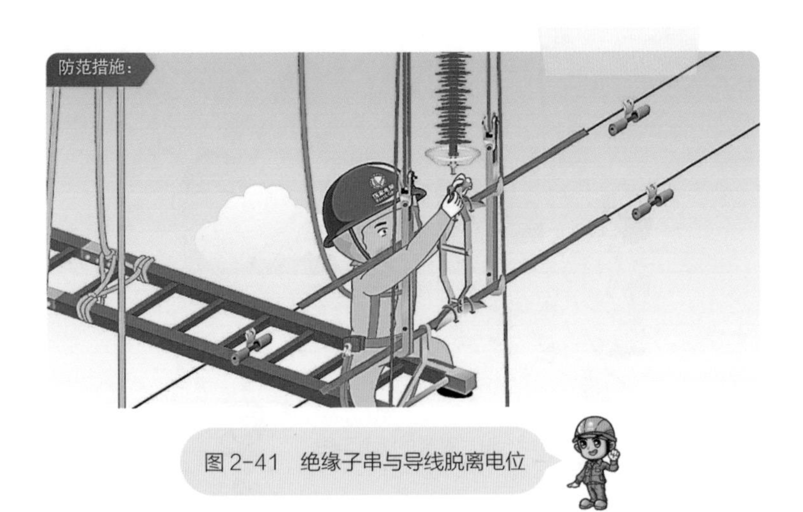

图 2-41　绝缘子串与导线脱离电位

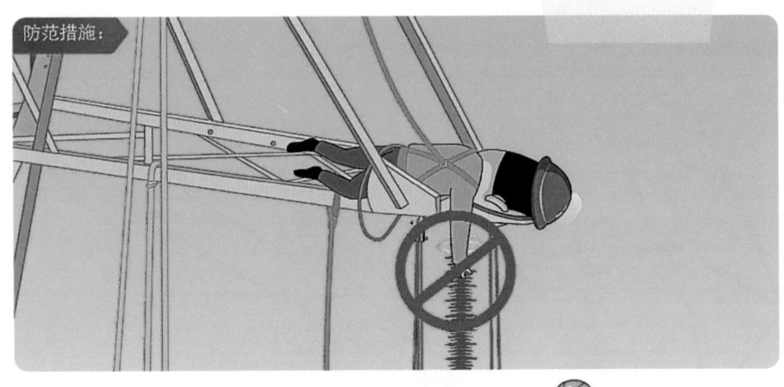

图 2-42　控制手臂下伸长度

（8）杆上作业人员宜穿导电鞋（见图 2-43）；等电位电工应穿着全套合格屏蔽服；作业前，应检查屏蔽服各部位连接导通情况。

图 2-43　杆上作业人员穿导电鞋

5. 危险类型五：恶劣天气

作业过程中有可能会气象条件不满足要求或天气突变，请特别注意防范。

防范措施：

（1）带电作业应在良好的天气下进行，雷、雨、雪、雾天不得进行带电作业（见图 2–44）；风力大于 5 级或相对湿度大于 80% 时，一般不宜进行带电作业（见图 2–45）。

不得进行带电作业

图 2–44　不得进行带电作业

防范措施：
风力大于5级
相对湿度大于80%

图 2–45　不宜进行带电作业

（2）作业前，应事先了解天气情况，在作业现场工作负责人应时刻注意天气变化，特别是夏季的雷雨；作业过程中，发生天气突变时，应在保证人员安全的前提下，拆除工具尽快撤离（见图 2-46 和图 2-47）。

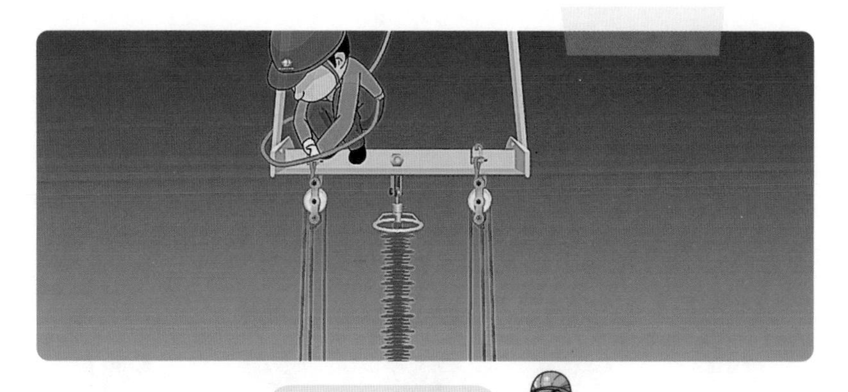

图 2-46 拆除工器具

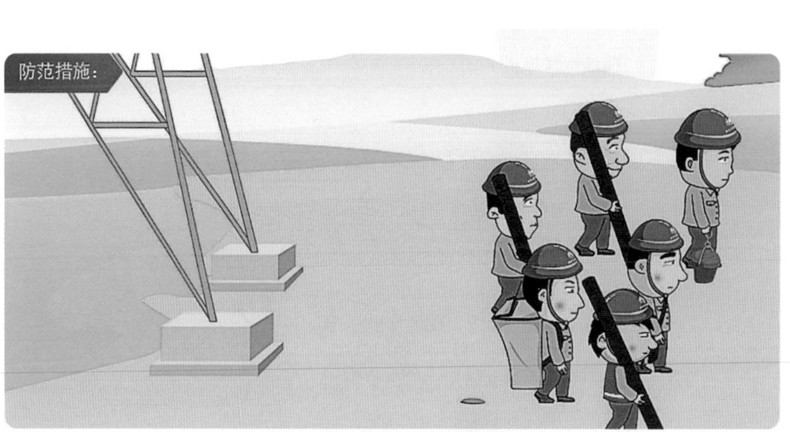

图 2-47 撤离现场

第五节　现场作业程序

现场作业程序包括履行许可手续、现场开工准备、现场作业过程、工作终结手续、资料整理归档 5 个主要阶段，如图 2–48 所示。

图 2-48　现场作业程序

让我们开始一次
现场作业征程吧!

一、履行许可手续

工作负责人联系调度值班员，履行许可手续（见图 2-49）。

图 2-49　履行许可手续

二、现场开工准备

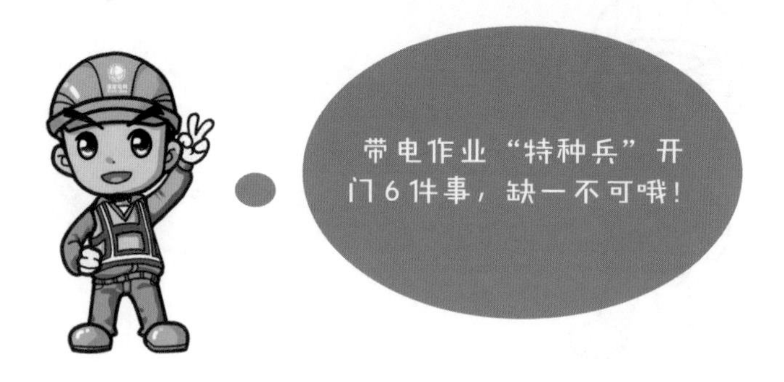

带电作业“特种兵”开
门6件事，缺一不可哦！

1. 到达作业现场

全体作业人员到达作业现场，摆放好工器具及材料。

2. 核对杆塔编号

工作负责人核对工作票中线路名称及杆塔号是否与工作票一致。

3. 查看气象条件

工作负责人查看现场气象条件。

4. 现场班前会

宣读工作票、交代工作内容、告知危险点及现场安全措施，进行人员分工和技术交底，并履行确认手续。

5. 杆塔外观检查

进行杆塔外观检查，确认塔身、基础、脚钉外观无异常。

6. 工具摆放

作业现场铺设防水苫布，然后将工具摆放整齐。

7. 复合绝缘子检查

检查复合绝缘子外观是否完好，压接部位是否脱胶、裂缝、滑移现象，镀锌层是否出现起皮、分层、开裂或掉锌等现象（见图 2-50），硅橡胶是否有破损、起泡或粉化等现象（见图 2-51）。

图 2-50　绝缘子串镀锌层检查

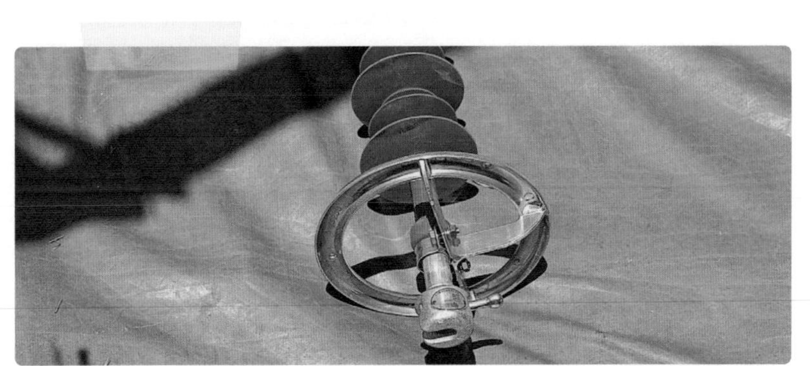

图 2-51　绝缘子串外观检查

8. 工器具检查、检测

检查防脱落保护绳、绝缘滑车等工器具外观是否完好，金属部分有无锈蚀（见图 2–52）；清洁绝缘平梯表面（见图 2–53），并用绝缘测试仪对绝缘平梯、绝缘起吊绳等绝缘工具进行绝缘检测（见图 2–54）。

图 2–52 工器具外观检查

图 2–53 清洁绝缘平梯表面

图 2-54 绝缘工具进行绝缘检测

9. 组装高强度滑车组

地面电工相互配合，组装高强度滑车组，使之处于待用状态（见图 2–55 和图 2–56）。组装高强度滑车组注意事项（见图 2–57）。

图 2-55 组装高强度滑车组

图 2-56 地面电工组装高强度滑车组

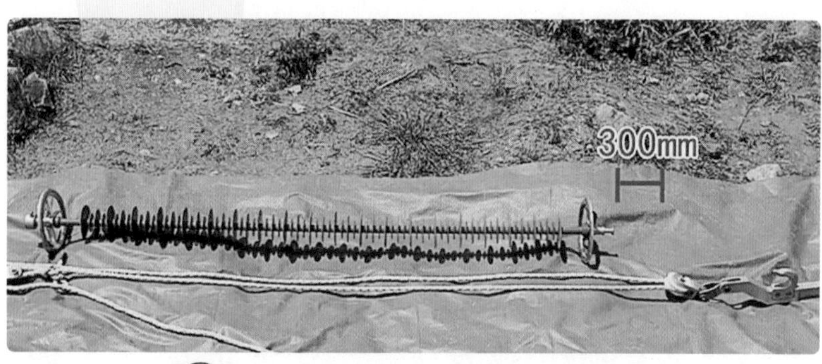

图 2-57 组装高强度滑车组注意事项

上、下两滑车之间间距，应大于绝缘子串长度 300mm 左右。

10. 绝缘子串金具联接

将两串绝缘子串的金具联接（见图 2–58），使之处于待用状态（见图 2–59）。

图 2-58 绝缘子串金具组装

图 2-59 待用状态绝缘子串

11. 屏蔽服穿戴、检查

等电位电工穿好屏蔽服，检查屏蔽服各部位间连接是否可靠，并用万用表检测全套屏蔽服间的导通情况（见图 2–60）。

图 2-60　检查屏蔽服各部位间连接

12. 冲击试验

等电位电工、地电位电工分别对安全带及后备保护绳（防坠器）进行冲击试验（见图 2–61 和图 2–62）。

图 2-61　安全带冲击检查

图 2-62　后备保护绳冲击检查

三、现场作业过程

采用地面提升法开展 220kV 输电线路直线绝缘子带电单串改双串现场作业，大致可以分成 9 个关键阶段：登塔到达工作位置、绝缘平梯传递固定、等电位电工进入电场、吊线装置安装及导线起吊、单绝缘子串拆除传递、旧悬垂线夹移位加装新线夹、双绝缘子串传递安装、吊线装置拆除退出电场、拆除绝缘平梯下塔。现场作业过程如图 2-63 所示。

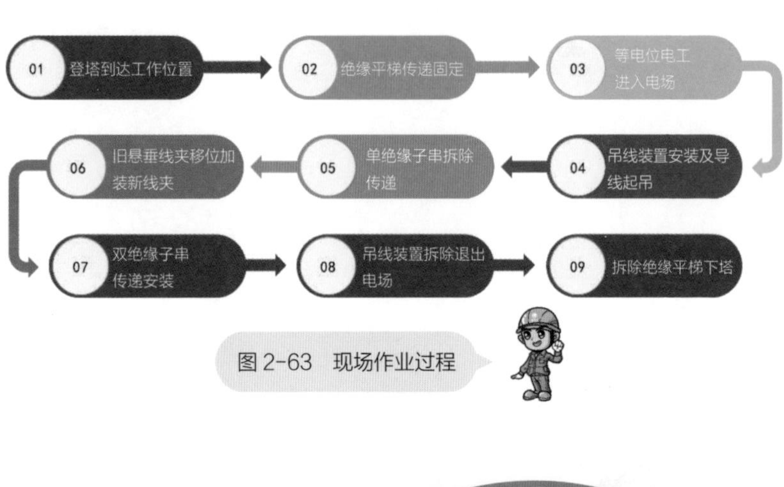

图 2-63 现场作业过程

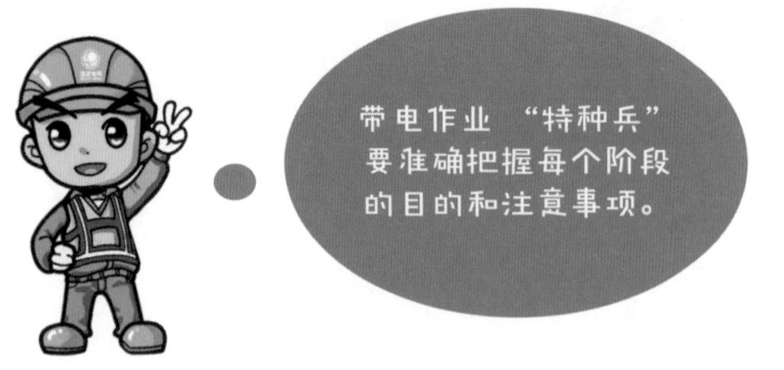

带电作业 “特种兵”
要准确把握每个阶段
的目的和注意事项。

1. 登塔到达工作位置

（1）经工作负责人同意后，地电位电工携带绝缘传递绳，与等电位电工依次登塔（见图 2-64）。

图 2-64 塔上电工依次登塔

老兵郑重提醒：
正式的战斗已经开始了！

（2）地电位电工登塔至作业横担位置，绑好安全带及后备保护绳，挂好滑车及传递绳（见图 2-65 和图 2-66）；等电位电工登塔至导线水平位置，绑好安全带及后备保护绳（见图 2-67）。

图 2-65 地电位电工绑好安全带及后备保护绳

图 2-66 挂好滑车及传递绳

图 2-67 等电位电工绑好安全带及后备保护绳

挂滑车时，应注意滑车挂点位置选择，既要方便工具的传递和取用，又要使工具的传递路线与操作相的导线，保持足够的安全距离，谁都不想刚“拔枪”的时候一不小心就先伤了自己吧！

2. 绝缘平梯传递固定

（1）地面电工在绝缘平梯前部大约1/3的位置（见图2-68），绑好绝缘传递绳，将绝缘平梯传递至塔上（见图2-69）。

图 2-68 绝缘平梯绑好绝缘传递绳

图 2-69 传递绝缘平梯至塔上

（2）等电位电工、地电位电工相互配合，将绝缘平梯的前端挂在下子导线上（见图 2-70），绝缘平梯后端用绝缘短绳牢固固定在塔身适当位置（见图 2-71）。绝缘平梯的安装位置应满足等电位电工进出电场过程中的组合间隙要求（见图 2-72）。

图 2-70 安装绝缘平梯

图 2-71 固定绝缘平梯

图 2-72　满足空气间隙距离需求

在战场上，很多时候特种兵需要匍匐前进规避风险，带电作业“特种兵”也需要留意绝缘平梯与导线间的空气间隙，应满足等电位电工进入电场过程中的组合间隙要求。

（3）等电位电工对绝缘平梯进行冲击检查，确认安装牢靠后报告工作负责人（见图 2–73）。

图 2–73 冲击检查绝缘平梯

3. 等电位电工进入电场

（1）经工作负责人许可后（见图 2–74），戴好屏蔽服的帽子，将安全带转移至绝缘平梯上（见图 2–75），然后缓慢、平稳沿绝缘平梯进入电场（见图 2–76）。

图 2–74 负责人许可

图 2-75　安全带转移

图 2-76　进入电场

（2）到达绝缘平梯传递绳的绑点位置后，拆下绝缘平梯传递绳，并携带传递绳继续缓慢、平稳的向前移动（见图 2–77）。

图 2–77 拆下绝缘平梯传递绳

（3）在接近放电距离位置时，向工作负责人申请电位转移（见图 2–78）。

图 2–78 申请电位转移

（4）经工作负责人许可后，手迅速抓住带电体，完成电位转移（见图 2–79）。

图 2–79 完成电位转移

（5）等电位电工继续缓慢、平稳的向前移动至工作位置（见图 2–80）。

图 2–80 移动至工作位置

4. 吊线装置安装及导线起吊

（1）地面电工将组装好的两组吊线滑车，依次传递给地电位电工（见图 2-81），地电位电工分别将两组绝缘吊线工具上下对应挂在待换绝缘子串悬挂点附近（见图 2-82）。

图 2-81 传递吊线工具

图 2-82 钩挂吊线滑车组

（2）地电位电工和等电位电工进行配合（见图 2–83），将两组吊线工具的垂直双吊钩，分别钩挂在导线侧悬垂线夹的左右适当位置（见图 2–84），以不妨碍新安装线夹位置和旧线夹移位位置为准（见图 2–85）。

图 2–83　塔上电工进行配合

图 2–84　钩挂垂直双吊钩

图 2-85 吊线滑车组安装图

来自老兵的提醒

带电作业"特种兵"要时刻注意可能影响战斗状态的微小问题，安装吊线工具时，应将绝缘绳理顺，避免因绳索扭绞，缠绕增加起吊时的摩擦力。

理顺绝缘起吊绳

（3）地面电工分别将两组链条手扳葫芦悬挂在塔身适当位置，同时将两组绳索分别套入专用的张紧扣上，稍稍收紧两组吊线滑车（见图 2-86），并检查套入牢固情况（见图 2-87）。

图 2-86　收紧两组吊线滑车

图 2-87　检查牢固情况

（4）所有承力工具全部安装完毕后，应检查各连接部分，确认连接牢靠（见图 2-88 和图 2-89）。

图 2-88 地面承力工具连接检查

图 2-89 高空吊线钩承力情况检查

带电作业“特种兵”完成一个工作步骤之后要随时进行自我检查。

5. 拆除单绝缘子串

（1）地面电工再次收紧两组吊线滑车，使其稍稍受力，以碗头挂板内的绝缘子球头不卡住弹簧销为宜（见图 2-90）。

图 2-90　收紧两组吊线滑车

（2）等电位电工在原垂直双线夹的中心点，向两侧各量取200mm，分别在上下子线做好标记（见图 2-91）。

图 2-91 在导线上标记新线夹安装位置

（3）取出导线侧碗头挂板内的弹簧销（见图 2-92）。

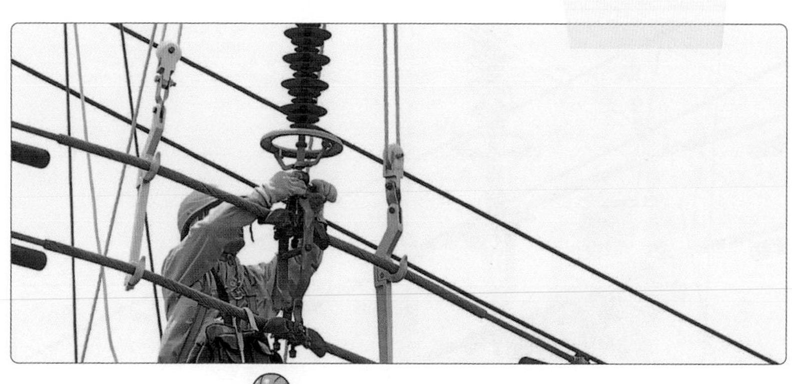

图 2-92 取出弹簧销

（4）地电位电工指挥地面电工同时收紧两组吊线滑车（见图 2-93）。地电位电工、等电位电工再次冲击检查承力工具，确认是否连接可靠（见图 2-94），然后由等电位电工脱开绝缘子串与导线侧碗头挂板的连接（见图 2-95）。

图 2-93 收紧吊线滑车

图 2-94 冲击检查承力工具

图 2-95 脱开绝缘子串与导线侧碗头挂板的连接

地面电工收紧绝缘滑车组时，应用力均匀、缓慢提升导线。防止导线提升过快，造成导线对横担安全距离不足或绝缘子串压住碗头挂板，使等电位电工难以将其脱开。

（5）地电位电工继续指挥地面电工同时放松两组吊线滑车，将导线下降约 200 ~ 300mm 后（见图 2-96），将单轮滑车移至绝缘子串悬挂点附近，将绝缘传递绳绑在合成绝缘子串端部附件上（见图 2-97）。

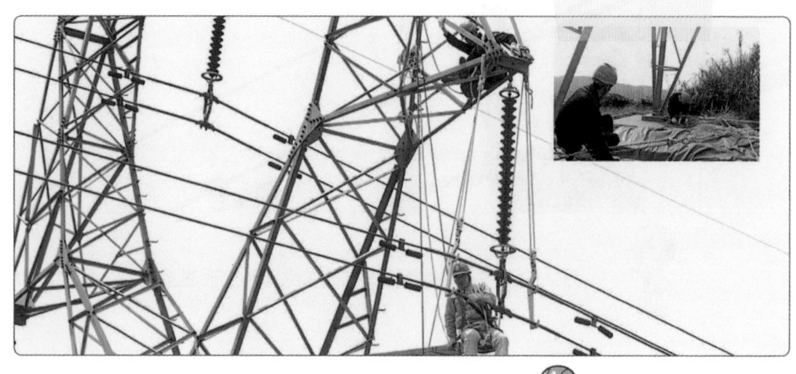

图 2-96　放松两组吊线滑车

图 2-97　将绝缘传递绳绑在合成绝缘子串端部附件上

（6）地面电工稍稍拉紧绝缘传递绳后（见图 2-98），地电位电工取出横担侧碗头内的弹簧销。地面电工继续拉紧绝缘传递绳，地电位电工脱开横担侧绝缘子与球头挂环的连接（见图 2-99），利用绝缘传递绳将旧绝缘子串传递至地面（见图 2-100）。

图 2-98 拉紧绝缘传递绳

图 2-99 脱开横担侧绝缘子与球头挂环的连接

图 2-100 旧绝缘子串拆除传送到地面

6. 旧悬垂线夹移位加装新线夹

（1）等电位电工松开原垂直双分裂线夹的 U 形螺栓，移位至标记位置中心点，上紧 U 形螺栓（见图 2-101）。

图 2-101 旧悬垂线夹移位

（2）地面电工将新线夹传递给等电位电工（见图 2–102），等电位电工安装好新线夹，上紧 U 形螺栓（见图 2–103）。

图 2-102　传递新悬垂线夹

图 2-103　安装新线夹

7. 双绝缘子串传递安装

（1）地面电工将新组装的双绝缘子串传递至地电位电工工作位置（见图 2-104）。地电位电工恢复横担侧的连接（见图 2-105）。

图 2-104　传递组装好的双绝缘子串

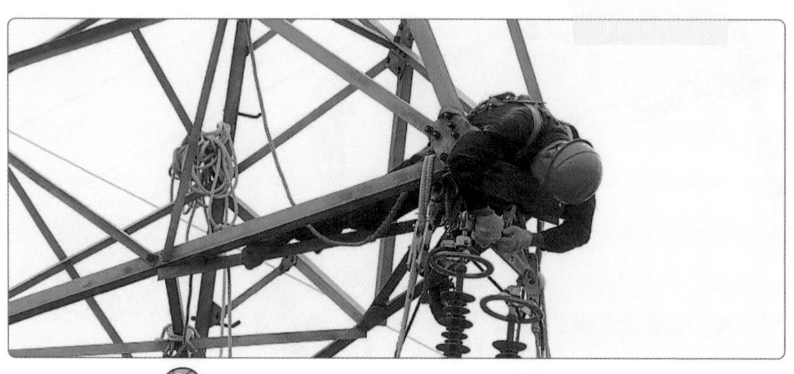

图 2-105　恢复绝缘子串与横担侧的连接

合成绝缘子起吊时，绳结要打在端部附件上，严禁打在伞群或护套上，绳子必须碰及伞群与护套部分时，应在接触部分用软布包裹。

（2）地电位电工指挥地面电工同时缓缓收紧两组吊线滑车，使双导线提升至适当位置（见图 2–106）。等电位电工分别恢复双串绝缘子与导线侧碗头挂板的连接，并安装好弹簧销（见图 2–107）。

图 2–106　提升双导线至合适位置

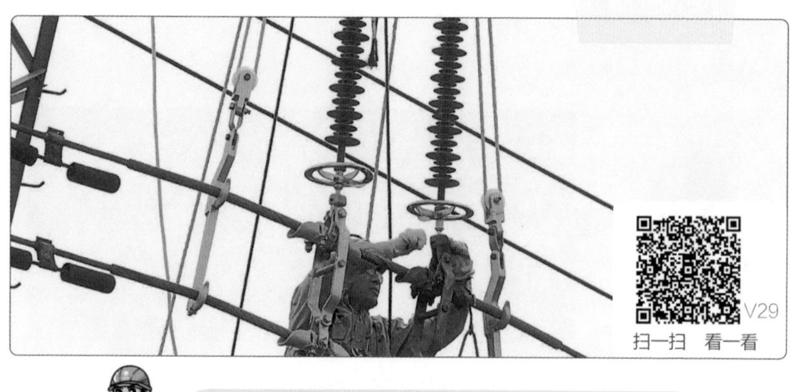

图 2-107　恢复双串绝缘子与导线侧碗头挂板的连接

8. 拆除吊线装置退出电场

（1）地电位电工指挥地面电工同时放松两组吊线滑车，地电位电工、等电位电工分别检查双绝缘子串各部位连接情况（见图 2-108 和图 2-109），确认牢固可靠后，拆除绝缘承力工具，并传递至地面（见图 2-110）。

图 2-108　等电位电工检查连接情况

图2-109 地电位电工检查连接情况

图2-110 拆除绝缘承力工具，并传递至地面

（2）等电位电工携带绝缘传递绳，将身体移动至放电距离以外，向工作负责人申请电位转移（见图 2–111）。经工作负责人许可后（见图 2–112），手迅速放开带电体，完成电位转移（见图 2–113）。

图 2–111　申请电位转移

图 2–112　工作负责人许可

图 2-113 完成电位转移

特种兵要求身手敏捷、动作干脆利落，电位转移时，动作应迅速，避免反复充放电。手掌最后脱离带电体后，应避免头部再次放电。

9. 拆除绝缘平梯下塔

（1）等电位电工退至绝缘平梯前部大约三分之一的位置时，绑好绝缘传递绳，继续沿绝缘平梯退出电场，回到横担（见图 2-114）。

图 2-114　退出电场，回到横担

（2）地电位电工与地面电工相互配合，拆除绝缘平梯（见图 2-115）。

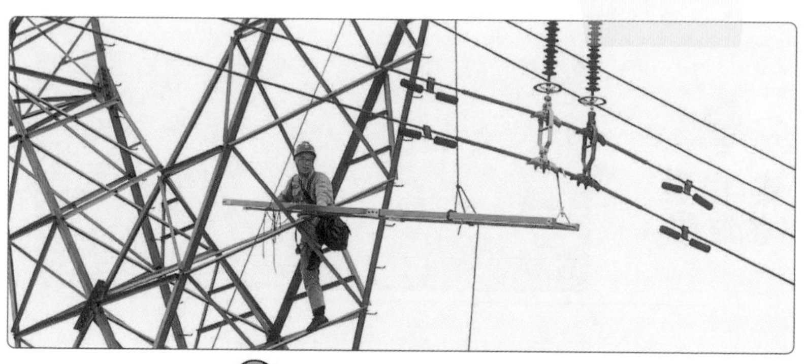

图 2-115　拆除绝缘平梯

（3）等电位电工、地电位电工检查塔上无遗留工器具后，携带绝缘滑车及绝缘传递绳依次下塔（见图 2-116）。

图 2-116 下塔

四、工作终结手续

作业结束后，带电作业人员应完成检查验收、整理工具、召开班后会、办理终结手续四项任务。竣工流程如图 2-117 所示。

1. 检查验收

工作负责人依据施工验收规范，对绝缘子串安装工艺、质量进行检查，并确认塔上无遗留物。

2. 整理工具

地面电工整理工具、材料并摆放整齐。

3. 召开班后会

工作负责人召集全体工作班成员，召开班后会（点名、塔上人员汇报、工作负责人点评）。

4. 办理终结手续

工作负责人与值班调度员联系，办理工作终结手续。

图 2-117　竣工流程

五、资料整理归档

完成工作票归档、录音上传等相关流程（见图 2–118）。

图 2–118　整理归档

第六节　总结与提升

一、内容总结

本项目讲述了 220kV 输电线路直线绝缘子带电单串改为双串地面提升法的作业流程、操作方法、质量要求，以及作业过程存在的危险点和预控措施。

二、知识点回顾

1. 作业方法（见图 2-119）

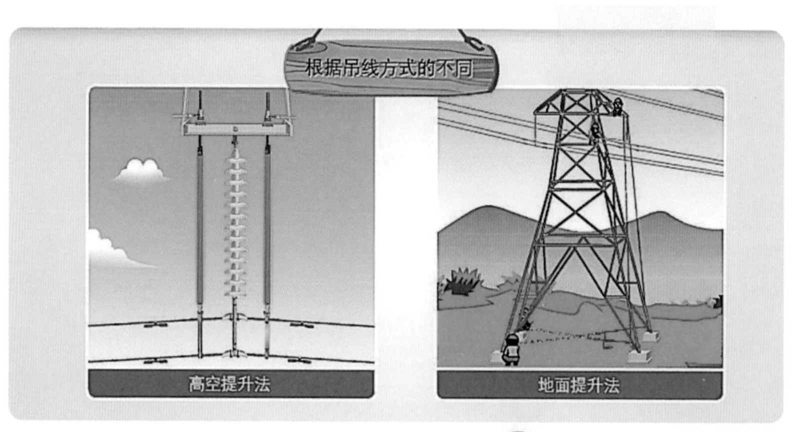

图 2-119　作业方法分类

2. 作业流程准备（见图 2-120）

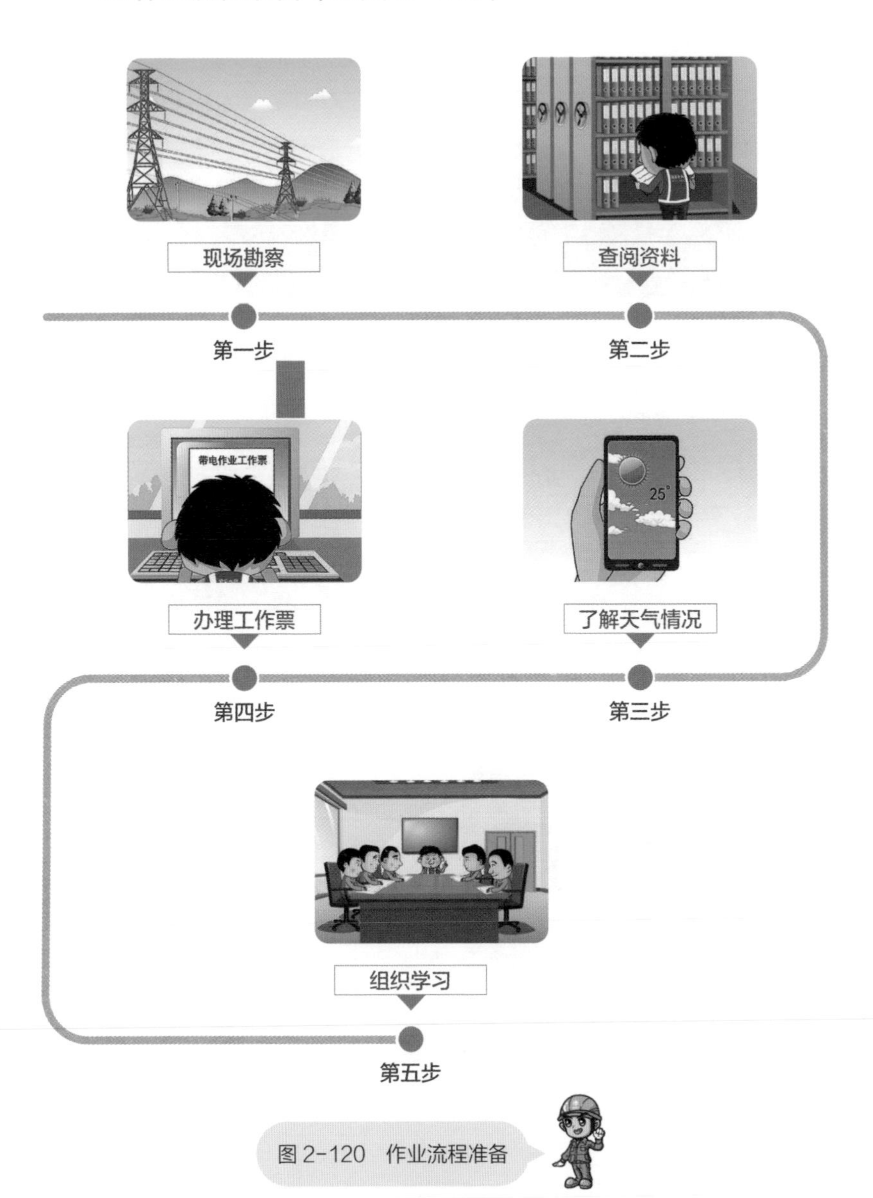

图 2-120　作业流程准备

3. 现场作业风险点分析与控制（见图 2-121）

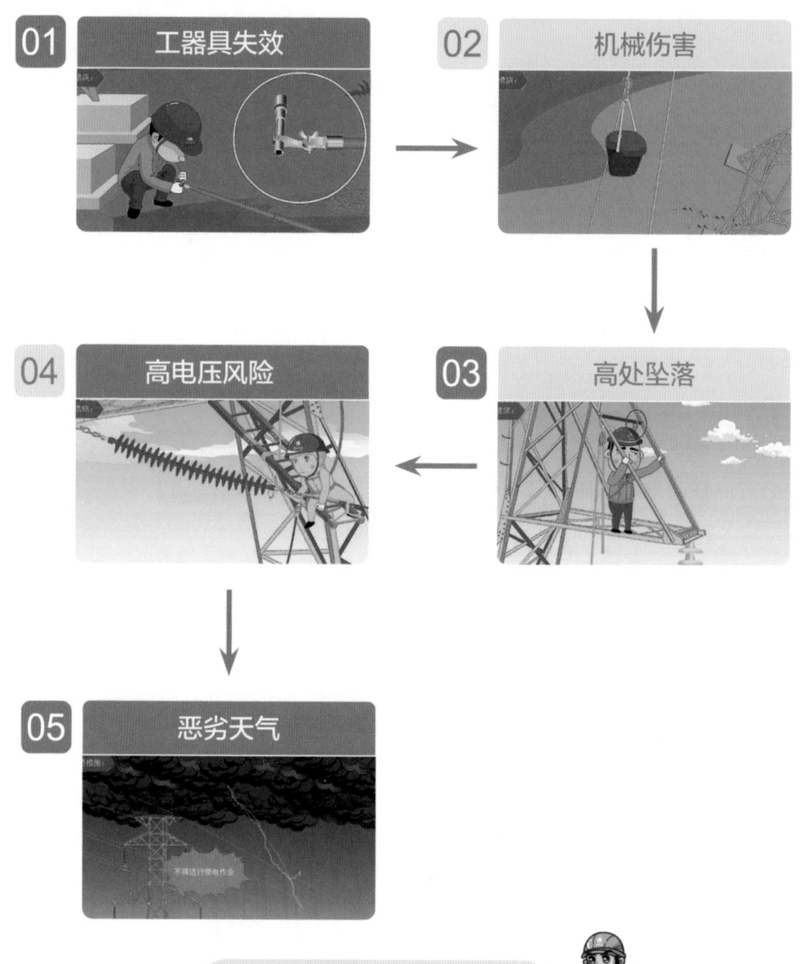

图 2-121 作业风险点分析与控制

4. 现场作业流程（见图 2-122）

图 2-122 现场作业流程

三、拓展再应用

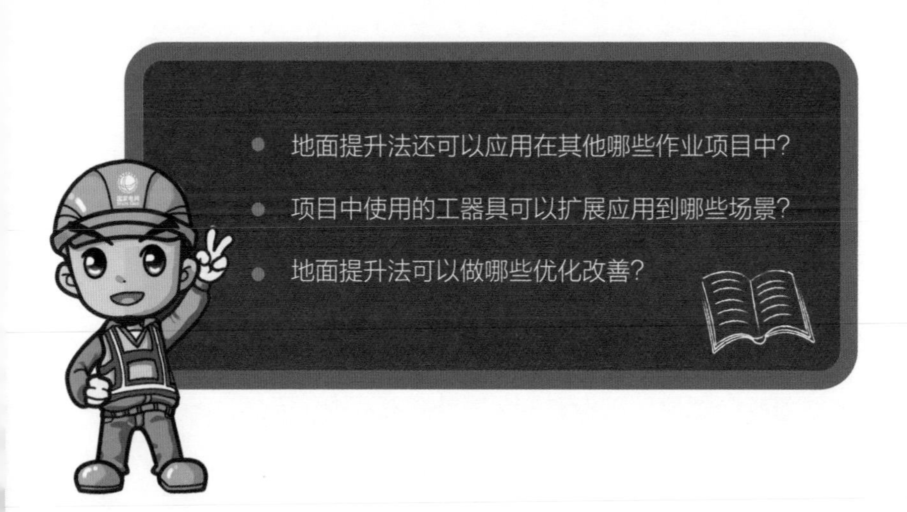

地面提升法还可以应用在其他哪些作业项目中？
项目中使用的工器具可以扩展应用到哪些场景？
地面提升法可以做哪些优化改善？

四、考一考

1. 人力提升法和链条葫芦提升法分别有什么样的优点和缺点?

2. 本作业项目里面有哪些特殊的工器具?

3. 本作业项目的主要风险有哪些? 如何进行预控?

4. 简单列出从开始登塔到回到地面具体操作步骤。